TURING

宋浩 主编

数学做题本

FLAG立起来

我 ________ 今天在这儿

立个flag ____________

____

____

这可是你说的哦！

人民邮电出版社
北 京

图书在版编目（CIP）数据

数学做题本 / 宋浩主编. -- 北京 : 人民邮电出版社, 2025. -- ISBN 978-7-115-67491-3

Ⅰ. O13-44

中国国家版本馆CIP数据核字第2025UJ4565号

◆ 主　　编　宋　浩
　责任编辑　赵　轩
　责任印制　胡　南

◆ 人民邮电出版社出版发行　　北京市丰台区成寿寺路11号
　邮编　100164　　电子邮件　315@ptpress.com.cn
　网址　https://www.ptpress.com.cn
　涿州市京南印刷厂印刷

◆ 开本：787×1092　1/16
　印张：10　　　　　　　2025 年 7 月第 1 版
　字数：35 千字　　　　　2025 年 10 月河北第 5 次印刷

定价：19.90 元

读者服务热线：(010)84084456-6009　印装质量热线：(010)81055316

反盗版热线：(010)81055315

每一道题都经历了时间的锤炼和积累。

重要极限

$\lim\limits_{x\to 0}\frac{\sin x}{x}=1$，$\lim\limits_{x\to\infty}\left(1+\frac{1}{x}\right)^{x}=\lim\limits_{x\to 0}(1+x)^{\frac{1}{x}}=\lim\limits_{n\to\infty}\left(1+\frac{1}{n}\right)^{n}=\mathrm{e}$。

等价无穷小替换

当$x\to 0$时，$\sin x\sim x$，$\tan x\sim x$，$\arcsin x\sim x$，$\arctan x\sim x$，$1-\cos x\sim\frac{1}{2}x^{2}$，$\mathrm{e}^{x}-1\sim x$，$a^{x}-1\sim x\ln a$，$\ln(1+x)\sim x$，$\log_{a}(1+x)\sim\frac{x}{\ln a}$，$(1+x)^{\alpha}-1\sim\alpha x$，$x^{m}+x^{n}\sim x^{m}$（$m,n$为常数，$n>m>0$），$x-\sin x\sim\frac{1}{6}x^{3}$，$\tan x-x\sim\frac{1}{3}x^{3}$，$\tan x-\sin x\sim\frac{1}{2}x^{3}$，$x-\ln(1+x)\sim\frac{1}{2}x^{2}$，$\arcsin x-x\sim\frac{1}{6}x^{3}$，$x-\arctan x\sim\frac{1}{3}x^{3}$。

导数定义

$$f'(x_0)=\lim_{\Delta x\to 0}\frac{f(x_0+\Delta x)-f(x_0)}{\Delta x}=\lim_{x\to x_0}\frac{f(x)-f(x_0)}{x-x_0}=\lim_{h\to 0}\frac{f(x_0+h)-f(x_0)}{h}。$$

求导公式

$(C)'=0$，$(x^{u})'=ux^{u-1}$，$(\log_{a}x)'=\frac{1}{x\ln a}$，$(\ln x)'=\frac{1}{x}$，$(a^{x})'=a^{x}\ln a$，$(\mathrm{e}^{x})'=\mathrm{e}^{x}$，$(\sin x)'=\cos x$，$(\cos x)'=-\sin x$，$(\tan x)'=\sec^{2}x$，$(\cot x)'=-\csc^{2}x$，$(\sec x)'=\sec x\tan x$，$(\csc x)'=-\csc x\cot x$，$(\arcsin x)'=\frac{1}{\sqrt{1-x^{2}}}$，$(\arccos x)'=-\frac{1}{\sqrt{1-x^{2}}}$，$(\arctan x)'=\frac{1}{1+x^{2}}$，$(\operatorname{arccot}x)'=-\frac{1}{1+x^{2}}$，$(u\pm v)'=u'\pm v'$，$(uv)'=u'v+uv'$，$(Cu)'=Cu'$，$\left(\frac{u}{v}\right)'=\frac{u'v-uv'}{v^{2}}$。

切线方程

$y-f(x_0)=f'(x_0)(x-x_0)$。

法线方程

$y-f(x_0)=-\frac{1}{f'(x_0)}(x-x_0)$。

参数方程求导

$\begin{cases}x=\varphi(t),\\ y=\psi(t),\end{cases}\frac{\mathrm{d}y}{\mathrm{d}x}=\frac{\psi'(t)}{\varphi'(t)}$。

$\sin^{(n)}x=\sin\left(x+\frac{n}{2}\pi\right)$，$\cos^{(n)}x=\cos\left(x+\frac{n}{2}\pi\right)$。

可沿虚线剪下

不定积分

$\int k\mathrm{d}x = kx + C$，$\int x^u \mathrm{d}x = \frac{x^{u+1}}{u+1} + C(u \neq -1)$，$\int \frac{1}{x}\mathrm{d}x = \ln|x| + C$，$\int \frac{1}{1+x^2}\mathrm{d}x = \arctan x + C$，

$\int \frac{1}{\sqrt{1-x^2}}\mathrm{d}x = \arcsin x + C$，$\int \cos x\mathrm{d}x = \sin x + C$，$\int \sin x\mathrm{d}x = -\cos x + C$，$\int \sec^2 x\mathrm{d}x = \tan x + C$，

$\int \csc^2 x\mathrm{d}x = -\cot x + C$，$\int \sec x\tan x\mathrm{d}x = \sec x + C$，$\int \csc x\cot x\mathrm{d}x = -\csc x + C$，$\int \mathrm{e}^x\mathrm{d}x = \mathrm{e}^x + C$，

$\int a^x\mathrm{d}x = \frac{a^x}{\ln a} + C$，$\int \tan x\mathrm{d}x = -\ln|\cos x| + C$，$\int \cot x\mathrm{d}x = \ln|\sin x| + C$，$\int \sec x\mathrm{d}x = \ln|\sec x + \tan x| + C$，

$\int \csc x\mathrm{d}x = \ln|\csc x - \cot x| + C$，$\int \frac{1}{a^2+x^2}\mathrm{d}x = \frac{1}{a}\arctan\frac{x}{a} + C$，$\int \frac{1}{x^2-a^2}\mathrm{d}x = \frac{1}{2a}\ln\left|\frac{x-a}{x+a}\right| + C$，

$\int \frac{1}{\sqrt{a^2-x^2}}\mathrm{d}x = \arcsin\frac{x}{a} + C$（$a>0$），$\int \frac{1}{\sqrt{a^2+x^2}}\mathrm{d}x = \ln\left(x+\sqrt{a^2+x^2}\right) + C$，

$\int \frac{1}{\sqrt{x^2-a^2}}\mathrm{d}x = \ln\left|x+\sqrt{x^2-a^2}\right| + C$。

不定积分的换元法

含 $\sqrt{a^2-x^2}$，令 $x = a\sin t$；含 $\sqrt{x^2+a^2}$，令 $x = a\tan t$；含 $\sqrt{x^2-a^2}$，令 $x = a\sec t$。

分部积分法

$\int u\mathrm{d}v = uv - \int v\mathrm{d}u$。

积分上限函数求导

$\left(\int_a^x f(t)\mathrm{d}t\right)' = f(x)$，$\left(\int_x^b f(t)\mathrm{d}t\right)' = -f(x)$，$\left(\int_a^{\varphi(x)} f(t)\mathrm{d}t\right)' = f(\varphi(x))\cdot\varphi'(x)$，

$\left(\int_{\varphi(x)}^b f(t)\mathrm{d}t\right)' = -f(\varphi(x))\cdot\varphi'(x)$，$\left(\int_{\psi(x)}^{\varphi(x)} f(t)\mathrm{d}t\right)' = f(\varphi(x))\cdot\varphi'(x) - f(\psi(x))\cdot\psi'(x)$。

牛顿 – 莱布尼茨公式

$\int_a^b f(x)\mathrm{d}x = F(x)\Big|_a^b$。

$f(x)$ 为奇函数，$\int_{-a}^a f(x)\mathrm{d}x = 0$；$f(x)$ 为偶函数，$\int_{-a}^a f(x)\mathrm{d}x = 2\int_0^a f(x)\mathrm{d}x$。

每一道题都经历了时间的锤炼和积累。

沃利斯公式

$$\int_0^{\frac{\pi}{2}} \sin^n x\mathrm{d}x = \int_0^{\frac{\pi}{2}} \cos^n x\mathrm{d}x = \begin{cases} \dfrac{n-1}{n}\cdot\dfrac{n-3}{n-2}\cdot\cdots\cdot\dfrac{3}{4}\cdot\dfrac{1}{2}\cdot\dfrac{\pi}{2}, & n\text{为正偶数}, \\ \dfrac{n-1}{n}\cdot\dfrac{n-3}{n-2}\cdot\cdots\cdot\dfrac{4}{5}\cdot\dfrac{2}{3}\cdot 1, & n\text{为大于1的正奇数。} \end{cases}$$

一阶非齐次线性微分方程

$y'+P(x)y=Q(x)$，$y=\mathrm{e}^{-\int P(x)\mathrm{d}x}\left(\int Q(x)\mathrm{e}^{\int P(x)\mathrm{d}x}\mathrm{d}x+C\right)$。

二阶常系数齐次线性微分方程

$y''+py'+qy=0$。特征方程：$r^2+pr+q=0$。

① $\Delta>0$，$r_1\neq r_2$ 为两个不等实根，$y=C_1\mathrm{e}^{r_1x}+C_2\mathrm{e}^{r_2x}$；

② $\Delta=0$，$r_1=r_2$ 为两个相等实根，$y=(C_1+C_2x)\mathrm{e}^{r_1x}$；

③ $\Delta<0$，$r=\alpha\pm\beta\mathrm{i}$，$y=\mathrm{e}^{\alpha x}(C_1\cos\beta x+C_2\sin\beta x)$。

数量积

$\boldsymbol{a}\cdot\boldsymbol{b}=x_1x_2+y_1y_2+z_1z_2=|\boldsymbol{a}||\boldsymbol{b}|\cos(\widehat{\boldsymbol{a},\boldsymbol{b}})$。

向量积

$$\boldsymbol{a}\times\boldsymbol{b}=\begin{vmatrix}\boldsymbol{i} & \boldsymbol{j} & \boldsymbol{k}\\ x_1 & y_1 & z_1\\ x_2 & y_2 & z_2\end{vmatrix}=(y_1z_2-y_2z_1,x_2z_1-x_1z_2,x_1y_2-x_2y_1)\text{。}$$

平面方程

点法式：$A(x-x_0)+B(y-y_0)+C(z-z_0)=0$。

一般式：$Ax+By+Cz-D=0$。

截距式：$\dfrac{x}{a}+\dfrac{y}{b}+\dfrac{z}{c}=1$, $abc\neq 0$。

直线方程

点向式：$\dfrac{x-x_0}{m}=\dfrac{y-y_0}{n}=\dfrac{z-z_0}{p}$。

一般式：$\begin{cases}A_1x+B_1y+C_1z+D_1=0,\\ A_2x+B_2y+C_2z+D_2=0\text{。}\end{cases}$

参数式：$\begin{cases}x=x_0+mt,\\ y=y_0+nt,\quad -\infty<t<+\infty\text{。}\\ z=z_0+pt,\end{cases}$

可沿虚线剪下

全微分

$z=f(x,y)$，$\mathrm{d}z=\dfrac{\partial z}{\partial x}\mathrm{d}x+\dfrac{\partial z}{\partial y}\mathrm{d}y$。

二元隐函数求偏导

$F(x,y,z)=0$，$\dfrac{\partial z}{\partial x}=-\dfrac{F_x}{F_z}$，$\dfrac{\partial z}{\partial y}=-\dfrac{F_y}{F_z}$。

空间曲线 $\begin{cases}x=\varphi(t),\\ y=\psi(t),\\ z=\omega(t)\end{cases}$ 的切线

$$\frac{x-x_0}{\varphi'(t_0)}=\frac{y-y_0}{\psi'(t_0)}=\frac{z-z_0}{\omega'(t_0)}。$$

法平面：$\varphi'(t_0)(x-x_0)+\psi'(t_0)(y-y_0)+\omega'(t_0)(z-z_0)=0$。

曲面 $F(x,y,z)=0$ 的法线

$$\frac{x-x_0}{F_x(x_0,y_0,z_0)}=\frac{y-y_0}{F_y(x_0,y_0,z_0)}=\frac{z-z_0}{F_z(x_0,y_0,z_0)}。$$

切平面：$F_x(x_0,y_0,z_0)(x-x_0)+F_y(x_0,y_0,z_0)(y-y_0)+F_z(x_0,y_0,z_0)(z-z_0)=0$。

方向导数

$\left.\dfrac{\partial f}{\partial l}\right|_{(x_0,y_0)}=f_x(x_0,y_0)\cos\alpha+f_y(x_0,y_0)\cos\beta$，$\cos\alpha$ 和 $\cos\beta$ 是方向 l 的方向余弦。

梯度

$\mathbf{grad}\,f(x_0,y_0)=f_x(x_0,y_0)\boldsymbol{i}+f_y(x_0,y_0)\boldsymbol{j}$。

二元函数极值

对 $z=f(x,y)$，$f_x(x_0,y_0)=0$，$f_y(x_0,y_0)=0$，$A=f_{xx}(x_0,y_0)$，$B=f_{xy}(x_0,y_0)$，$C=f_{yy}(x_0,y_0)$。

① $AC-B^2>0$ 时具有极值，$A<0$ 时有极大值，$A>0$ 时有极小值；

② $AC-B^2<0$ 时没有极值；

③ $AC-B^2=0$ 时无法确定。

每一道题都经历了时间的锤炼和积累。

极坐标转换

$$\begin{cases}x=\rho\cos\theta,\\ y=\rho\sin\theta,\end{cases}\iint\limits_D f(x,y)\mathrm{d}x\mathrm{d}y=\iint\limits_D f(\rho\cos\theta,\rho\sin\theta)\rho\mathrm{d}\rho\mathrm{d}\theta。$$

球面坐标计算三重积分

$$\begin{cases}x=r\sin\varphi\cos\theta,\\ y=r\sin\varphi\sin\theta,\\ z=r\cos\varphi,\end{cases}\iiint\limits_\Omega f(x,y,z)\mathrm{d}x\mathrm{d}y\mathrm{d}z=\iiint\limits_\Omega F(r,\varphi,\theta)r^2\sin\varphi\mathrm{d}r\mathrm{d}\varphi\mathrm{d}\theta。$$

对弧长的曲线积分

曲线弧 $L\begin{cases}x=\varphi(t),\\ y=\psi(t),\end{cases}$ $\alpha\leqslant t\leqslant\beta$，$\alpha<\beta$，$\int_L f(x,y)\mathrm{d}s=\int_\alpha^\beta f[\varphi(t),\psi(t)]\sqrt{(\varphi'(t))^2+(\psi'(t))^2}\mathrm{d}t$。

对坐标的曲线积分

有向曲线弧 $L\begin{cases}x=\varphi(t),\\ y=\psi(t),\end{cases}$

$$\int_L P(x,y)\mathrm{d}x+Q(x,y)\mathrm{d}y=\int_\alpha^\beta\{P[\varphi(t),\psi(t)]\varphi'(t)+Q[\varphi(t),\psi(t)]\psi'(t)\}\mathrm{d}t。$$

格林公式

设闭区域 D 由分段光滑的曲线 L 围成，L 取正向，$\iint\limits_D\left(\frac{\partial Q}{\partial x}-\frac{\partial P}{\partial y}\right)\mathrm{d}x\mathrm{d}y=\oint_L P\mathrm{d}x+Q\mathrm{d}y$。

对面积的曲面积分

曲面 Σ 在 xOy 面上的投影区域为 D_{xy}，

$\iint\limits_\Sigma f(x,y,z)\mathrm{d}S=\iint\limits_{D_{xy}} f[x,y,z(x,y)]\sqrt{1+z_x^2(x,y)+z_y^2(x,y)}\mathrm{d}x\mathrm{d}y$。其他类推。

对坐标的曲面积分

① 曲面 Σ 由 $z=z(x,y)$ 给出，$\iint\limits_\Sigma R(x,y,z)\mathrm{d}x\mathrm{d}y=\pm\iint\limits_{D_{xy}} R[x,y,z(x,y)]\mathrm{d}x\mathrm{d}y$；

② 曲面 Σ 由 $x=x(y,z)$ 给出，$\iint\limits_\Sigma P(x,y,z)\mathrm{d}y\mathrm{d}z=\pm\iint\limits_{D_{yz}} P[x(y,z),y,z]\mathrm{d}y\mathrm{d}z$；

③ 曲面 Σ 由 $y=y(z,x)$ 给出，$\iint\limits_\Sigma Q(x,y,z)\mathrm{d}z\mathrm{d}x=\pm\iint\limits_{D_{zx}} Q[x,y(z,x),z]\mathrm{d}z\mathrm{d}x$。

可沿虚线剪下

高斯公式

空间闭区域Ω由分片光滑的闭曲面Σ围成，Σ取曲面外侧，

$$\iiint_{\Omega}\left(\frac{\partial P}{\partial x}+\frac{\partial Q}{\partial y}+\frac{\partial R}{\partial z}\right)\mathrm{d}V=\oiint_{\Sigma}P\mathrm{d}y\mathrm{d}z+Q\mathrm{d}z\mathrm{d}x+R\mathrm{d}x\mathrm{d}y=\oiint_{\Sigma}\left(P\cos\alpha+Q\cos\beta+R\cos\gamma\right)\mathrm{d}S。$$

斯托克斯公式

$$\iint_{\Sigma}\begin{vmatrix}\mathrm{d}y\mathrm{d}z & \mathrm{d}z\mathrm{d}x & \mathrm{d}x\mathrm{d}y\\ \dfrac{\partial}{\partial x} & \dfrac{\partial}{\partial y} & \dfrac{\partial}{\partial z}\\ P & Q & R\end{vmatrix}=\oint_{\Gamma}P\mathrm{d}x+Q\mathrm{d}y+R\mathrm{d}z。$$

等比级数　$\sum_{n=0}^{\infty}q^n$，$|q|<1$时收敛，$|q|\geqslant 1$时发散。

调和级数　$\sum_{n=1}^{\infty}\frac{1}{n}$发散。

p级数　$\sum_{n=1}^{\infty}\frac{1}{n^p}$，$p>1$时收敛，$p\leqslant 1$时发散。

常用函数的幂级数展开

$$\frac{1}{1-x}=\sum_{n=0}^{\infty}x^n,\quad x\in(-1,1)；\qquad \frac{1}{1+x}=\sum_{n=0}^{\infty}(-1)^n x^n,\quad x\in(-1,1)；$$

$$\mathrm{e}^x=\sum_{n=0}^{\infty}\frac{x^n}{n!},\quad x\in(-\infty,+\infty)；\qquad \sin x=\sum_{n=0}^{\infty}(-1)^n\frac{x^{2n+1}}{(2n+1)!},\quad x\in(-\infty,+\infty)；$$

$$\cos x=\sum_{n=0}^{\infty}(-1)^n\frac{x^{2n}}{(2n)!},\quad x\in(-\infty,+\infty)；\qquad \ln(1+x)=\sum_{n=0}^{\infty}(-1)^n\frac{x^{n+1}}{n+1},\quad x\in(-1,1]。$$